GOLDEICHE VERLAG

Die Zibbelchen

Für Helena, ohne die es die Zibbelchen nicht geben würde

Mit besonderem Dank an Joschka

Wir bedanken uns bei unseren treuen Zibbelchen-Fans!

Hallo Kinder!

Wir würden Euch gerne persönlich „Hallo“ sagen, aber wir sind ziemlich schüchtern und verstecken uns vor den Menschen. Wisst ihr, wir leben im Wald und einige sind nicht besonders gut zu unserer Heimat. Sie laden ihren Müll dort ab und machen die Bäume, die anderen Pflanzen und die Tiere, die darin leben, krank.
Unsere Freundin Eidura Eichenblatt hat uns aber erzählt, dass es Menschen gibt, die dem Wald helfen. Sie sammeln Müll auf, den andere einfach in den Wald geworfen haben. Oder Menschen, wie die von Plant-for-the-Planet; da pflanzen Kinder auf der ganzen Welt Bäume! Ohne die Hilfe solcher Menschen wird der Wald immer weniger werden. Eidura Eichenblatt sagt, diese Helfer sind schon fast wie Zibbelchen. Jeder kann wie ein Zibbelchen sein!

Oh, ihr wisst gar nicht wer wir sind? Wir sind Helli und Winni, zwei Zibbelchen. Wir befreien den Wald von Müll und helfen Tieren in Not. Aber wir sind nur so groß wie eine kleine Kinderhand und der Müll ist oft zu viel und zu schwer für uns. Wir schaffen das nicht alleine-wir brauchen Hilfe, eure Hilfe! Das ist auch ganz einfach und ihr könnt es beim nächsten Waldbesuch zusammen mit euren Eltern ausprobieren: Bringt den Müll, den ihr im Wald findet, einfach zum nächsten Papierkorb!

Wie aufregend es sein kann, ein Zibbelchen zu sein, verraten wir euch nun in unseren Geschichten.
Wir wünschen euch viel Spaß bei unseren Abenteuern!

Helli, Winni und alle anderen Zibbelchen

Inhaltsverzeichnis

Das sind die Zibbelchen

In einem Wald im schönen Siegerland steht eine riesige, uralte Eiche. Diese Eiche ist etwas Besonderes. Schon als kleiner Baum konnte sie hören, sehen, riechen und schmecken, genau wie wir Menschen – nur laufen kann sie nicht. Sie nannte sich selbst Eidura Eichenblatt. In den vielen hundert Jahren ihres Lebens hat sie Stürmen getrotzt, Blitz und Hagel überstanden und unendlich vielen Tieren Schutz geboten. Ihre Äste wuchsen immer weiter und auch ihre Wurzeln gruben sich viele, viele Kilometer weit in den Boden. Eidura Eichenblatts Stamm war mittlerweile so gewaltig groß, dass drei starke Männer nicht ausreichten, um ihn zu umarmen. Je größer und weiter die Wurzen reichten, desto stärker konnte sie auch fühlen, was im Wald vor sich ging.

Mit den Jahrhunderten kamen auch immer mehr Menschen ins Siegerland. Sie bauten Straßen durch den Wald, rodeten viele Bäume, bauten sich Häuser, Ställe und Zäune aus dem Holz. Das gefiel Eidura Eichenblatt natürlich nicht besonders. Doch im Laufe der Zeit hatte sie eine neue Fähigkeit entwickelt. Sie konnte in den Träumen besonders empfindsamer Menschen erscheinen. So zeigte sie den Menschen auf, dass immer nur so viele Bäume geschlagen werden sollten, damit auch wieder genügend nachwuchsen. Das nannten die Menschen dann Hauberg. Doch leider konnte Eidura Eichenblatt nicht alle Menschen in ihren Träumen erreichen. Viele warfen ihren Müll einfach in den Wald und verschandelten ihn. Doch nicht nur Müll, sondern auch giftige Dinge warfen die Menschen in den Wald und Pflanzen und Tiere wurden davon krank.

Eidura Eichenblatt wurde wütend und traurig zugleich. Sie beschloss, etwas gegen die Verschmutzung des Waldes zu unternehmen. Sie nahm all ihre Kräfte zusammen und erschuf aus den kleinen Dingen des Waldes, wie Eicheln, Blätter, Zapfen und Gräser, eintausendneunhundertsechsundachtzig kleine Helferlein. Neunhundertdreiundneunzig Holzmädchen mit roten Zipfelmützchen und neunhundertdreiundneunzig Holzjungen mit grünen Zipfelmützchen. Wegen ihrer Zipfelmützchen nannte Eidura sie Zibbelchen!

In der Natur sieht keine Pflanze wie die andere aus und so sahen die Zibbelchen auch alle verschieden aus. Nur drei Dinge hatten sie gemeinsam. Um von den Menschen nicht gesehen zu werden, waren alle nur so groß wie eine kleine Kinderhand, flink genug um sich blitzschnell zu verstecken und sie konnten sich unhörbar für die Menschen mit den Tieren unterhalten. Habt ihr schon mal ein Zibbelchen im Wald gesehen? Seit diesem Tag helfen die Zibbelchen, den Wald sauber zu halten.

Frühlingserwachen bei den Zibbelchen

Tief unter der riesigen alten Eiche Eidura Eichenblatt liegt eine große Höhle. Wie jedes Jahr zum Frühlingsanfang dringen merkwürdige Geräusche aus ihr heraus. Zuerst hört man ein leises Rumoren, gefolgt von dem Rascheln trockener Blätter. Kurz darauf erklingen viele leise Stimmen und man hört Tausende kleiner Tippelschritte. Was mag das wohl sein? Schauen wir mal tief in die Höhle hinein. Richtig, es sind die Zibbelchen, die aus ihrem Winterschlaf erwachen. Überall recken und strecken sich die kleinen Helferlein von Eidura Eichenblatt, schieben ihre Laubdecken beiseite und kriechen aus ihren Moosbetten. Im vorderen Raum der Höhle stehen Tische und Stühle der Zibbelchen. Die Tische bestehen aus altem Holz und die Stühle sind kleine runde Steine. Auf den Tischen stehen kleine Schüsseln, die aus den Eicheln der riesigen Eiche gemacht worden sind.

Heute war ein schöner Tag und die Zibbelchen beschlossen, draußen zu frühstücken. Jedes Zibbelchen schnappte sich beim Hinausgehen einen Sitzstein und eine Schüssel, um sie an den Wurzeln der Eiche aufzustellen. Die mächtigen Wurzeln dienen den Zibbelchen draußen als Tisch. Alle Zibbelchen hatten die Höhle verlassen und bereiteten nun das Frühstück vor. Wirklich alle? Im hinteren Bereich der Höhle hörte man noch Stimmen!

„Nun mach schon Helli, wir kommen zu spät zum Frühstück. Musst du denn immer herumtrödeln?“ Winni, ein kleiner pfiffiger Zibbeljunge, trat ungeduldig von einem Bein aufs andere und schaute seine Freundin Helli tadelnd an. Er war natürlich schon fertig angezogen, hatte seine Hose aus Haselstrauchrinde an und seine Schuhe aus Eicheln waren auf Hochglanz poliert.

„Ich mach ja schon! Ich mach ja schon! Hetz mich doch nicht so“, antwortete Helli, „Es ist noch sooo früh am Morgen!“

Nachdem Helli ihren Rock aus Gänseblümchenblättern und ihre passenden Lieblingsschuhe aus Löwenmäulchenblüten angezogen hatte, griff sie noch schnell nach ihrer rote Zipfelmütze.

Während sie nach draußen liefen, setzte sie die Mütze hastig auf. Helli sah nun aus, wie der blühende Frühling selbst. Unterwegs nahmen sie die letzten Sitzsteine und Schüsseln mit. Vor der Höhle angekommen suchten sie sich einen Platz an den Wurzeln der Eiche.

Die anderen Zibbelchen waren schon mit den Frühstücksvorbereitungen beschäftigt.

Die einen holten Wasser aus dem kleinen Bach in der Nähe, während andere Blütenpollen der ersten blühenden Pflanzen sammelten. Wieder andere trugen trockene Beeren oder Nüsse aus dem vergangenen Herbst herbei.

Alle hatten zu tun, nur Helli und Winni waren noch nicht einmal gewaschen! Die beiden liefen zu einem nicht weit entfernt stehenden Farn. Auf dem Farn hatte sich der Tau der vergangenen Nacht gesammelt. Helli und Winni stellten sich unter ihn, nahmen ihre Zipfelmützen ab und schüttelten kurz an der Pflanze. Der ganze Tau rieselte wie aus einer Dusche auf die beiden herunter.

„Brr, ist das kalt“, stöhnte Helli, „in einer Stunde wäre das Wasser viel wärmer gewesen!“

„Stell dich nicht so an. Jetzt bist du wenigstens wach. Lass uns frühstücken, ich habe einen Bärenhunger! Gleich nach dem Frühstück kommt Eidura und teilt uns unsere Aufgaben zu. Ich bin mal gespannt, wo die Menschen diesmal ihren Unrat abgeladen haben.“

Winni griff nach Hellis Hand und gemeinsam liefen sie zur alten Eiche. Alle anderen Zibbelchen hatten ihr Frühstück schon fast beendet.

So geht das jedes Jahr im Frühling, immer sind Helli und Winni die Letzten am Frühstückstisch!

Das fliegende Zibbelchen

Eidura Eichenblatt hatte mal wieder einen Platz im Wald entdeckt, der von den Menschen nach einem Picknick nicht sauber und ordentlich hinterlassen worden war. Helli und Winni, unsere beiden Zibbelchen, wurden von Eidura geschickt, um den Platz zu säubern. Als die beiden ankamen, lagen überall Papierreste und Plastiktüten herum. Helli und Winni machten sich sofort an die Arbeit, sammelten hier eine Tüte und da ein Butterbrotpapier ein. Als sie endlich fertig waren, schauten sie sich noch einmal um, ob sie auch nichts übersehen hatten. Alles blitzeblank! Der Wald sah wieder nach Wald aus und nicht nach einer Müllkippe. Bis auf ... ja bis auf eine Tüte, die der Wind in die Lüfte geweht hatte und sich in der Spitze eines Busches verfangen hatte. Die Tüte war ungefähr einen Meter vom Boden entfernt. Da Zibbelchen ja nur etwa so groß sind, wie eine kleine Kinderhand, ist ein Meter schon ganz schön hoch! Keiner der beiden hatte nach der anstrengenden Arbeit noch große Lust auf einen Busch zu klettern. Also losten sie aus, wer klettern sollte und Winni verlor.

„Also gut“, sprach Winni, „wenn es denn unbedingt sein muss ...“

„Du schaffst das schon! Ich passe von hier unten auf dich auf“, entgegnete Helli.

Mühsam kletterte Winni über Äste und Blätter hinauf zu der verflixten Tüte. Ganz außer Atem erreichte er sie schließlich und packte mit beiden Händchen fest zu. In diesem Moment kam ein Windstoß auf und fegte die Tüte samt Zibbelchen in die Luft!

„Hilfe, Hilfe“, schrie der arme Winni, „ich will hier runter!“

„Halt dich fest! Du darfst nicht loslassen, sonst tust du dir weh!“ rief Helli und lief hinter ihrem fliegenden Freund her. Winni wurde von dem Windstoß mindestens drei Meter in die Höhe geschleudert. Es wurde ihm angst und bange. Die Tüte hatte sich aufgebläht und tanzte mitsamt dem Zibbelchen durch die Luft.

Nachdem Winni so ungefähr zwanzig Meter durch die Luft getragen wurde, ließ der Wind plötzlich nach und Tüte mitsamt dem Zibbelchen glitten sanft zu Boden. Helli kam angelaufen und erkundigte sich besorgt.

„Alles in Ordnung? Hast du dir wehgetan?“

„Nein, alles in Ordnung. Du sahst von oben ganz klein aus, und wenn der Wind nicht so plötzlich gekommen wäre, hätte es mir sicher auch einen Riesenspaß gemacht.“

Nach dieser Aufregung packten Helli und Winni den ganzen Abfall zusammen, trugen ihn zu einem der aufgestellten Papierkörbe und machten sich auf den Nachhauseweg.

Die Zibbelchen und der Osterhase

An einem frühen Ostermorgen brachen die Zibbelchen Winni und Helli zu einem kleinen Morgenspaziergang auf. Die Sonne war gerade aufgegangen und Nebelschwaden zogen durch den Wald, als sie ein ziemlich schauriges Stöhnen hörten. Die beiden schauten sich kurz an und gingen dann ohne ein Wort zu sagen, langsam und vorsichtig in Richtung des unheimlichen Geräusches. Sie spähten durch einen Busch und sahen dann auch, woher das Geräusch kam. „Oh weh, oh je - was mach ich nur - was mach ich nur!“ Ein paar Meter von ihrem Gebüsch entfernt, sahen die beiden zuerst einige bunte Eier liegen und an einem Baumstamm lehnend - man glaubt es kaum - den Osterhasen! Er hielt sich mit beiden Vorderpfoten den rechten Hinterlauf und jammerte vor sich hin. Die beiden Zibbelchen kamen hinter dem Busch hervor. “Hallo Osterhase, was ist passiert?“ „Ich bin auf dem feuchten Moos ausgerutscht und habe mir den Hinterlauf verletzt. Ich muss doch noch meine restlichen Eier für die Kinder verstecken.“

Die beiden Zibbelchen überlegten kurz, wie sie dem Osterhasen helfen könnten.

„Ich schau erst einmal, ob die Eier noch heil sind und du kümmerst dich um unseren verletzten Freund“, sprach Winni und ging auf das erste Ei zu. Helli schaute derweil nach dem Fuß des Osterhasen. Der Knöchel war dick geschwollen und Helli sagte:

„Du kannst auf keinen Fall die Eier weiter austragen – mit dem Fuß geht das nicht. Aber ich habe da eine Idee!“

Helli steckte ihre Hand in den Mund und pfiff so laut sie konnte dreimal hintereinander in den Wind.

„Gleich kommt Verstärkung - das bekommen wir schon wieder hin.“

Da meldete sich Winni: „Die Eier sind heil geblieben, das weiche Moos hat dafür gesorgt. Aber sie sind für einen Zibbel allein viel zu schwer, um sie zum Waldrand zu tragen.“

Während Winni die Eier nach und nach zusammenrollte, hörte er auch schon viele kleine, sich nähernde Füße durch den Wald tapsen.

„Hier sind wir“, ertönte es dann auch schon, „Was ist passiert und wie können wir helfen?“

Vierzig Zibbelchen, die in der Nähe waren, hatten die drei Pfiffe gehört und waren sofort in die Richtung aus der sie kamen, aufgebrochen. Drei kurze Pfiffe heißen nämlich bei den Zibbelchen: Zibbel in Not und alle Zibbel, die die Pfiffe hören, kommen dann, um zu helfen.

Schnell waren alle Zibbelchen aufgeteilt, um die Ostereier für die Kinder zu verstecken. Und als sie gerade fertig waren und sich zurück in den Wald begaben, kamen die Kinder auch schon ausgelassen spielend den Waldweg entlang und machten sich auf Ostereiersuche.

Währenddessen bauten die anderen Zibbelchen eine Trage aus Zweigen für den Osterhasen. Als sie damit fertig waren, trugen sie ihn alle gemeinsam zu seiner Osterhasenfamilie. Schon nach ein paar Tagen war er wieder gesund und fit genug, um mit seinen Osterhasenkindern durch die Wiesen und Wälder zu toben.

Molly, die Maulwurfsmutter 

Es war im Mai, als unseren beiden Helden etwas sehr Schönes widerfuhr. Helli und Winni spazierten über die nahegelegene Wiese. Man sah schon von Weitem, dass hier ein Maulwurf viele frische Hügel aufgeworfen hatte. Als die beiden näher kamen, sahen sie, wie ein Maulwurf, direkt vor ihren Füßen, Erde aus seinem unterirdischen Gang auf die Wiese schob.

„Hallo Maulwurf! Du bist aber schon fleißig – die Sonne ist ja gerade erst aufgegangen!Hier sind Helli und Winni, zwei Zibbelchen."

Es dauerte eine kleine Weile, aber dann schob sich aus dem Erdhügel ein kleines spitzes Näschen hervor.

„Seid ihr es wirklich? Wisst ihr, ich kann ziemlich schlecht sehen und kann euch kaum erkennen!"

„Aber klar doch. Wir sind's wirklich."

Daraufhin kletterte der Maulwurf aus seinem Loch.

„Ich bin Molly. Und warum ich schon so früh auf bin? Ich habe vor einigen Tagen Nachwuchs bekommen – vier kleine Maulwürfe. Jetzt muss ich mich erst einmal stärken und habe meine unterirdischen Gänge nach was Essbarem abgesucht."

Man hörte Molly ihren Mutterstolz an.

„Das ist ja toll", erklang es fast gleichzeitig, „können wir die Jungen einmal sehen?"

„Nun ja, ihr seid klein genug und passt durch meine Gänge. Folgt mir, seid aber bitte leise. Die Kinderchen sind eben eingeschlafen."

Mit dem Kopf voran verschwand Molly in ihrem unterirdischen Tunnel. Helli und Winni folgten ihr. Während Molly praktisch durch die Gänge schwamm, hatten unsere beiden Zibbelchen doch einige Mühe voranzukommen. Molly hatte große Schaufelhände und ein superweiches, fast schwarzes Fell. Dadurch konnte sie sich sehr schnell in ihren Tunnelröhren bewegen. Maulwürfe können zwar sehr schlecht sehen, aber mit ihren Schnurrhaaren bekommen sie jede Bewegung mit. Molly bemerkte das Helli und Winni nur langsam vorankamen und wartete auf die beiden.

„Mein Nest ist gleich da vorne", flüsterte Molly.

Unsere beiden Zibbelchen waren ganz erstaunt über das, was sie da sahen. Vier winzig kleine Maulwürfe lagen im mit Gras und Laub ausgepolsterten Nest. Sie hatten schon einen leichten Flaum auf ihren Körpern. Die kleinen Maulwurfskinder waren etwas größer als eine Bohne und lagen eng aneinander gekuschelt im Nest. Obwohl alle sehr leise waren, schienen sie die Anwesenheit ihrer Mutter doch zu spüren. Ein Baby nach dem anderen begann sich zu regen und fiepte leise.

„Die Kleinen haben schon wieder Hunger, ich werde sie jetzt säugen", sprach die junge Mutter und legte sich zu den Winzlingen. Sofort begannen die Babys an den Zitzen der Mutter zu saugen und gaben leise schmatzende Geräusche von sich. Helli und Winni wollten nicht länger stören und verließen kriechend den Bau durch die Tunnelröhre. Sie klopften sich die Erde von ihren Körpern und freuten sich, denn so etwas bekamen selbst Zibbelchen nur äußerst selten zu sehen!

Platsch-Kladderadatsch

Es geschah an einem sehr heißen Sommertag nach langer Trockenheit. Einige der Menschen besaßen Kühe, die den ganzen Tag auf der Weide standen. Da man früher die Bäume auf den Weiden gefällt hatte, um an Brennholz zu gelangen, standen dort die Tiere nun ohne jeglichen Schatten. Normalerweise macht dies den Kühen nicht sehr viel aus, doch die Hitze dauerte schon einige Wochen an und es war wirklich sehr, sehr heiß. Die Menschen hatten Angst, dass ihre Tiere bei der Hitze krank würden und so trieben sie die Kühe in den nahe gelegenen Hauberg, der einiges an Schatten spendete.

Einige Zibbelchen waren in der Nähe und natürlich sehr neugierig. Als die Menschen wieder weg waren, schauten sie vorsichtig aus ihren Verstecken heraus und bestaunten die großen Tiere.

Ein Zibbelchen – es war Helli – war besonders neugierig. Sie ging ein paar Schritte aus ihrem Versteck heraus und stand direkt hinter einer Kuh, die friedlich an ein paar Gräsern zupfte. Helli schaute sich das große Tier sehr genau an, als die Kuh plötzlich ihren langen Schwanz hob.

„Was macht die Kuh denn jetzt?" dachte das kleine Zibbelchen noch, als es auch schon zu spät war. Platsch-Kladderadatsch machte es und das Zibbelchen stand bis zum Hals im warmen Kuhdung - nur Kopf und die rote Zipfelmütze schauten noch heraus.

Wer schon mal eine Kuh auf der Weide dabei beobachtet hat, weiß genau, wie sich das anhört und was für ein weicher Haufen da herauskommt!

Das Zibbelchen war ganz erschrocken und stand ganz still und steif da, als es plötzlich Gelächter von allen Seiten hörte. Natürlich hatten die anderen Zibbelchen alles beobachtet, und nachdem sie gesehen hatten, dass ihrer Freundin nichts passiert war, prusteten sie los vor Vergnügen. Helli wurde ganz verlegen und schämte sich auch ein wenig, dass sie wegen ihrer Neugierde so reingefallen war.

„Lacht nicht so", rief sie, „und helft mir lieber heraus!"

Da der Haufen ziemlich weich war, machte es den anderen keine Mühe Helli herauszuziehen. Auch ihr Freund Winni musste lachen.

„Geh rüber zur Quelle und wasch dich gründlich" sprach er, „du bist nicht nur schmutzig, sondern riechst auch ganz schön streng".

Ziemlich verschämt schlich Helli zur Quelle und wusch sich von oben bis unten. Eine ganze Stunde lang wusch sie sich und meinte nachher immer noch, den Geruch des Haufens zu riechen.

Als am Abend alle Zibbelchen zusammensaßen, lachten alle nochmals über den kleinen Unfall und Helli konnte, obwohl sie sich noch ein wenig schämte, schon wieder mitlachen.

Oh je, oh je!

Vor einiger Zeit legten die Menschen mal wieder ein neues Stück Hauberg an. Eidura Eichenblatt schickte unsere beiden Zibbelchen Helli und Winni dorthin, um nach dem Rechten zu sehen. Schließlich weiß man ja nie, ob die Menschen den Wald auch sorgsam behandeln. Als die beiden über einen Hügel hinunter in den Hauberg blickten, verschlug es ihnen die Sprache. Die Menschen hatten zwar nur die Bäume gefällt, die dafür vorgesehen waren und ihren Müll hatten sie auch weggeräumt, aber mit ihren schweren Maschinen hatten sie den Waldboden regelrecht platt gewalzt. Die Menschen waren mit ihren Traktoren und Lastwagen so lange hin und hergefahren, bis jeder Pilz, jedes Stück Moos und jeder Strauch zerdrückt worden war. Alle kleinen Pflanzen waren abgestorben und verdorrten in der Sonne.

Helli war ganz aufgeregt: „Wissen denn die Menschen nicht, dass auf so einem platten Boden jahrelang nichts Vernünftiges mehr wachsen kann? Und dass die Würmer und Käfer in der Erde den Boden nie wieder so locker hinbekommen, wie er einmal war?“

Winni legte tröstend seinen Arm auf Hellis Schultern. „Die Menschen wissen das ganz genau, aber mit ihren Maschinen sind sie viel schneller fertig, als mit einem Pferd, das nur ganz wenige Spuren hinterlässt. Komm, lass uns anfangen und versuchen den Waldboden wenigstens einigermaßen wieder aufzulockern.“

Helli und Winni besorgten sich kleine Stöcke und lockerten den Boden nach und nach damit auf. Von einem anderen Waldstück besorgten sie sich Moos und andere Pflänzchen, die sie wieder in den Boden einsetzten. Nachts schliefen sie in einem alten Fuchsbau, und obwohl Zibbelchen sehr fleißig sind und hart arbeiten können, brauchten Helli und Winni fünf lange Tage um den Boden wieder halbwegs herzurichten. Manche zerstörten Dinge können selbst Zibbelchen nicht wieder ganz in Ordnung bringen!

Die Sternenhöhle

Eidura Eichenblatt hatte Helli und Winni mal wieder zu einem Stück Wald geschickt, in dem es sehr viel zu tun gab. Als sie all die viele Arbeit sahen, wussten sie sofort, dass sie hier übernachten mussten.

„Wir fangen sofort mit der Arbeit an und suchen uns bei Sonnenuntergang eine Höhle zum Schlafen", sprach Helli. Und so machten sie es auch. Die beiden mühten sich damit ab, die tiefen Furchen, die die Menschen hinterlassen hatten, mit Laub zu füllen. Sie trugen Moos herbei, damit die Baumstümpfe wieder bedeckt wurden, und räumten den Abfall, den die Menschen hinterlassen hatten, beiseite. Als die Sonne unterging, waren sie immer noch nicht fertig, doch für heute war genug getan.

„Da vorne habe ich eine schöne Höhle gesehen, lass uns dort übernachten" sagte Winni.

Sie sammelten etwas Laub zusammen, um sich ihre Schlafplätze schön weich und warm auszupolstern.

„Oh, die Höhle ist aber schön groß. Wie weit es hinter der Biegung wohl noch weitergeht?"

„Lass uns die Höhle morgen weiter erkunden. Ich bin hundemüde!" sprach Helli.

Gesagt – getan. Sie kuschelten sich in ihr warmes Laubbett und schliefen auch sofort ein.

Einige Stunden später, es war so gegen Mitternacht, waren die beiden Zibbelchen auf einen Schlag wieder hellwach! Ein schauriges Heulen schallte durch die Höhle. Mal leiser und dann auf einmal wieder sehr laut!

„Wa, wa, was ist das für ein Geräusch", vor lauter Angst stammelte Helli den Satz heraus.

„I, i, ich weiß nicht", Winni stammelte ebenfalls.

Ruckzuck standen die beiden aus ihren Laubbettchen auf und fassten sich gegenseitig an ihre kleinen Händchen. Jetzt, wo sie sich an den Händen hielten, wurden sie etwas mutiger.

„Lass uns nachschauen, das Heulen kommt weiter hinten aus der Höhle."

Die beiden Zibbelchen gingen langsam aber bestimmt tiefer in die Höhle hinein. Als sie in der Biegung der Höhle ankamen, sahen sie einen Lichtschein. Entschlossen gingen sie weiter. Aus dem Lichtschein war ein strahlendes Glitzern geworden. „Unglaublich, das ist ja wunderschön", staunte Helli.

Ja, wie ein Meer aus Tausenden silbernen Sternen leuchtete es rund um unsere beiden kleinen Helden. So etwas hatten sie noch nie gesehen. Und als sie noch ein paar Schritte weitergingen, sahen sie auch, woher das Licht und das Heulen kamen. In der Decke der Höhle befand sich ein großes Loch. Der Wind hatte durch das Loch geblasen und für das gespenstische Heulen gesorgt. Durch das Loch war das Licht des Mondes in die Höhle gelangt und hatte Tausende kleiner Kristalle an den Wänden angestrahlt, die nun im Mondschein glitzerten.

Helli und Winni schauten sich noch lange begeistert die Sternenhöhle an – bis der Mond weiterwanderte und die Pracht erlosch.

Nachdem sie sich wieder in ihr Laubbett gelegt hatten, träumten die beiden von ihrer wunderschönen Sternenhöhle!

Zipp das Eichhörnchen 

Zibbelchen Helli war mit einigen anderen unterwegs, um mal wieder die Spuren der Menschen, die diese im Hauberg hinterlassen hatten, zu beseitigen. Als ihre Arbeit erledigt war, hatte Helli keine Lust mehr sich noch eine neue Arbeitsstelle zu suchen. So ging sie etwas abseits der anderen in ein Gebüsch und legte sich für ein kleines Nickerchen darunter. Helli träumte gerade von einer riesigen saftigen Blaubeere, als sie plötzlich von einem Zwicken an ihrem Zapfenkörper aufgeweckt wurde.

Sie schrak auf und erblickte ein noch sehr junges Eichhörnchen, das ganz starr vor Schreck vor ihr stand. „Hey! Warum zwickst du mich?" sagte die kleine Helli ganz entrüstet. Das junge Eichhörnchen stammelte ganz verlegen: "Weil, weil, weil ... ich Hunger habe. Meine Mami hat mir gerade beigebracht, wie man aus den Zapfen die Samen herausholt. Ich wusste nicht das Zapfen sprechen können!"

„Ich bin doch kein Zapfen! Ich bin ein Zibbel! Hat dir denn deine Mutter nicht den Unterschied beigebracht?"

„Naja," stotterte das Eichhörnchen immer noch verlegen, „ich hab da wohl im Unterricht nicht immer aufgepasst. Entschuldige bitte, dass ich dich gezwickt habe."

Ja, auch kleine Eichhörnchen müssen genauso wie die Menschenkinder lernen, sich in der Natur zurechtzufinden.

„Ist ja nichts passiert."

Helli hatte natürlich auch ein etwas schlechtes Gewissen. Schließlich hatte sie unter einem Busch geschlafen, und wenn man nicht genau hinschaute, konnte man sie schon mit einem gewöhnlichen Zapfen verwechseln.

„Komm ich zeig dir, wo ein paar leckere „echte Zapfen" liegen. Wie heißt du eigentlich? Mein Name ist Helli."

„Und ich bin Zipp", sprach das Eichhörnchen. „Komm spring auf meinen Rücken, ich bin schnell wie der Wind!" Helli schwang sich auf den Rücken von Zipp, krallte sich im weichen Fell fest und ab ging der wilde Ritt. Dabei zeigte Helli Zipp die schönsten Zapfen und den größten Haselnussstrauch weit und breit. Helli und Zipp wurden gute Freunde.

Die Zibbelchen und die Weinbergschnecke

Helli und ihr Freund Winni hatten einen neuen Auftrag. Unterwegs hörten sie plötzlich ein leises Klagen und Stöhnen.
„Ich schaff es nicht, ich schaff es nicht“, war zu hören. Helli und Winni gingen den Geräuschen nach und sahen dann mitten auf einem trockenen Waldweg eine große, fette Weinbergschnecke. Sie musste schon sehr alt sein, denn sie trug ein mächtiges Haus auf ihrem Rücken.
„Was ist los?“ fragten die beiden, „Können wir dir helfen?“ „Ich wollte heute Nacht rüber auf die feuchte Wiese kriechen, doch dann hat mich die Kraft verlassen. Gleich brennt die Sonne auf den Waldweg und ich werde austrocknen. Ich kann nicht mehr, helft mir bitte!“
Die arme Schnecke hatte sich auf dem trockenen Boden total festgefahren, besser gesagt „festgekrochen“. Helli blickte zum Himmel. Tatsächlich, in einer halben Stunde würde die Sonne der alten Schnecke aufs Haus scheinen. Für Schnecken war das sehr gefährlich. „Komm Winni, lass uns die Schnecke rüber ins Gras unter den Strauch tragen.“
Leichter gesagt als getan. Helli, auf der einen und Winni auf der anderen Seite des Hauses, zogen und zerrten – doch die Schnecke bewegte sich nicht.
„Wir müssen Hilfe holen, wir schaffen es nicht“, klagte Winni fast verzweifelt.
„Dafür haben wir keine Zeit mehr, gleich ist die Sonne da“, sagte Helli und wandte sich an die alte Schnecke,
„Zieh dich in dein Schneckenhaus zurück - wir rollen dich ins Gras.“
Gesagt – getan. Die Schnecke zog ihre Fühler ein und verzog sich in ihr Haus. Einmal ins Rollen gebracht, nahm das Schneckenhaus ziemlich viel Fahrt auf und eierte den Waldweg herunter. Helli und Winni kamen nicht mehr hinterher und schlugen sorgenvoll die Hände vors Gesicht. Doch zum Glück rollte die Schnecke direkt ins Gras. Der alten Schnecke war es noch eine Zeit lang schwindelig vom Rollen. Sie bedankte sich herzlich bei Helli und Winni und kroch dann erleichtert davon.

Die große Blaubeer-Schlemmerei

Helli und Winni, unsere beiden Zibbelchen, hatten mal wieder einen Auftrag für Eidura Eichenblatt zu erledigen. Als die beiden in dem entsprechenden Waldstück angekommen waren, sahen sie jede Menge Müll, den die Menschen hinterlassen hatten.
„Oh je, soviel Arbeit! Ich habe heute eigentlich keine Lust zum Arbeiten". Helli sprach Winni aus der Seele.
„Ich auch nicht, außerdem habe ich Hunger!"
Winni schaute sich um.
„Schau mal Helli, da vorne gibt es Blaubeeren. Die sind schon reif!"
Wie auf Kommando liefen Helli und Winni auf die Blaubeerbüsche zu.
„Herrlich", rief Helli und stopfte sich mit beiden Händen eine dicke Blaubeere in den Mund.
„Ja", nuschelte Winni mit vollem Mund, „wir fangen mit der Arbeit einfach ein wenig später an."
Eine ganze Weile lang hörte man die beiden Zibbelchen nur leise schmatzen.
„Ich kann nicht mehr", stöhnte Winni.
„Ich auch nicht. Ich habe so viel gegessen, ich kann mich gar nicht mehr bewegen."
Helli und Winni streckten sich aus, nur um sich kurz zu erholen. Nun war es mucksmäuschenstill. Und dann hörte man tiefe Atemzüge. Da waren die beiden doch tatsächlich eingeschlafen!
In der Zwischenzeit schaute Eidura Eichenblatt überall nach dem Rechten. Alle Zibbelchen erledigten ihre Aufgaben, die sie von ihr bekommen hatten. Na ja, nicht alle! Als sie bei Helli und Winni vorbeikam, sah sie schon von Weitem, dass der Unrat in dem Waldstück immer noch herumlag. Und es war schon Nachmittag! Dann sah sie die beiden zwischen den Blaubeersträuchern schlafen.
„Helli! Winni! Sofort aufwachen! Was macht ihr Faulpelze denn da?"
Unsere beiden Helden wurden sofort wach und sprangen auf.
„Entschuldige Eidura! Wir hatten so einen Hunger, und dann müssen wir irgendwie eingeschlafen sein."
Als die beiden aufgesprungen waren, konnte sich Eidura Eichenblatt das Lachen kaum verkneifen. Helli und Winni hatten von der Blaubeer-Schlemmerei blaue Hände und ein ganz blaues Gesicht.
„Da ihr eure Arbeit nicht erledigt habt, werdet ihr jetzt für alle Zibbelchen Blaubeeren pflücken und morgen früh werdet ihr hier den Unrat wegräumen, bis alles blitzeblank ist - und geht euch erst einmal waschen, ihr seht ja aus wie blaue Kobolde!"
Helli und Winni schlichen geknickt zur nächsten Wasserstelle. Blaubeeren pflücken für alle eintausendneunhundertsechsundachtzig Zibbelchen - das würde bis in den späten Abend dauern!

Der Apfel und der Igel

Helli und Winni waren diesmal schon Mittags mit ihrer Arbeit fertig geworden, als sie auf dem Rückweg ein merkwürdiges Ächzen hörten.

„Hörst du das auch?“ fragte Helli.

„Ja, das kommt von da vorne“, antwortete Winni.

Etwas verunsichert gingen die beiden auf das Geräusch zu. Zuerst konnten sie nichts finden, doch als sie einige Sträucher beiseite schoben, sahen sie einen ausgewachsenen Igel, festgeklemmt zwischen einigen Ästen. Bei näherem Hinsehen war eigentlich nicht nur der Igel festgeklemmt, sondern mit ihm, ein großer Apfel, der in den Stacheln auf seinem Rücken feststeckte. Der arme Igel war ganz erschöpft von dem Zerren und Ziehen, um sich aus dem Gestrüpp zu befreien.

„Hallo Igel! Wie ist denn das passiert und wie können wir dir helfen?“ fragten die beiden Zibbelchen wie aus einem Mund. „Oh je, oh je“, klagte der Igel, „ gut, dass ihr da seid. Ich hänge hier schon die ganze Nacht und den halben Tag fest.“ Der Igel erzählte den beiden, dass er gestern Abend, auf einer Wiese weiter unten, Futter gesucht hatte, als plötzlich der dicke Apfel von einem Baum heruntergefallen war – genau auf seinen stacheligen Rücken. Er hatte sich natürlich furchtbar erschrocken und wehgetan hatte es auch noch. Da er den Apfel nicht mehr von seinem Rücken herunter bekommen konnte, versuchte er im Gestrüpp den Apfel abzustreifen. Dabei war er noch in einen Kaugummi der Menschen getreten und nun klebten auch noch seine Hinterbeine fest.

„Oh du Armer, wir versuchen, den Apfel herunter zu holen.“

Obwohl es etwas an den Füßen piekste, kletterten sie auf den Rücken des Igels und schoben und zogen, sie zerrten und drückten – doch der Apfel blieb wie festgewachsen auf dem Rücken des Igels. Die kleinen Zibbelchen waren einfach nicht stark genug dazu.

„So funktioniert das nicht“, sprach Helli, „wir müssen uns etwas anderes einfallen lassen.“

Sie überlegten eine Weile und dann ...

“Ich hab's,“ rief Winni, „lass uns scharfe Steine suchen – wir zerschneiden einfach den Apfel in kleine Stücke, die ziehen wir dann heraus.“

Gesagt – getan! Mit einem scharfen Stein in den Händen, kletterte Winni wieder auf den Rücken des Igels. Diesmal klappte es besser! Obwohl er sich noch ganz schön anstrengen musste, schnitt er ein Stück nach dem anderen aus dem Apfel heraus, bis alle klein geschnittenen Apfelstücke vom Rücken des Igels herunter waren. Helli hatte in der Zwischenzeit den Kaugummi von den Füßen des Igels gekratzt.

„Vielen, vielen Dank! Ihr zwei habt mir wahrscheinlich das Leben gerettet“, der Igel strahlte vor Glück. Der ausgehungerte Igel und seine beiden Retter verputzten die kleinen Apfelstücke, bis nichts mehr von dem Apfel übrig blieb. Gestärkt gingen die Drei wieder ihres Weges.

Glück gehabt 

Vor einiger Zeit nahm Zibbelchen Helli, nachdem sie einige Kaugummis der Menschen vom Wegesrand gekratzt hatte, eine Abkürzung quer durch den Wald, um möglichst schnell nach Hause zu kommen
Das Zibbelmädchen ging vergnügt seines Weges, als sie plötzlich an einem Baumstumpf einen großen Korb, geflochten aus Zweigen, stehen sah.
„Nanu“, dachte Helli, „Was ist das denn für ein Menschen-Ding? Und was ist denn da drin?“
Das kleine Zibbelchen war ganz schön neugierig.
Es schaute sich um, ob keine Menschen in der Nähe waren, und kletterte auf den Baumstumpf, um zu sehen, was sich wohl in dem Korb befände.
Vor Kurzem hatte es geregnet und es war ganz schön rutschig auf dem Baumstumpf. Und so kam es, wie es kommen musste: Als sich Helli über den Rand des Korbes beugte, rutschte sie aus und fiel kopfüber in den Korb und landete in einem Haufen ... Pilze!
„Menschen sammeln Pilze“, dachte das Zibbelchen, „ich muss schnell hier raus, sonst nimmt mich der Mensch mit nach Hause.“
Doch gerade als Helli aus dem Korb klettern wollte, hörte sie näher kommende Schritte und versteckte sich schnell zwischen den Pilzen. Ein Menschenkind beugte sich über den Korb und legte einige Pilze hinein, hob den Korb auf und schlenderte mit ihm davon. Das arme Zibbelchen. Ganz übel wurde ihr von dem Geschaukel und in ihrer Verzweiflung rief sie ganz laut um Hilfe.
Was sich für Zibbelchen ganz laut anhört, ist für Menschenohren aber nur ein leises Piepsen.
Das Menschenkind stoppte und sah sich um. Da es aber niemanden sehen konnte, der piepste, hielt es das Piepsen für eine Maus, irgendwo im Laub. Das Menschenkind ging weiter und trällerte ein Liedchen. Dabei schaukelte es den Korb immer mehr, immer höher und schwupp, flogen ein paar Pilze aus dem Korb – und mit ihnen die kleine Helli! Sie flog und flog und landete dann – glücklicherweise - im weichen Moos direkt neben einem kleinen, verlassenen Fuchsbau. Während das Menschenkind die verlorenen Pilze wieder einsammelte, verschwand Helli blitzschnell in dem Fuchsbau. Ihr kleines Zibbelherz pochte ganz laut vor Aufregung! Nachdem das Menschenkind mit seinen Pilzen verschwunden war, musste sich das kleine Zibbelchen erst einmal von der Aufregung erholen.
„Glück gehabt.“ dachte Helli und nach einer Weile machte sie sich wieder auf den Weg nach Hause.

Winni und die Holzdiebe

An einem warmen Herbstabend war Winni noch spät unterwegs. Der Wind säuselte leise vor sich hin. Winni hatte noch einige kleine Erledigungen für Eidura Eichenblatt ausgeführt. Es wurde schon ziemlich dunkel und der Mond leuchtete schwach vom Himmel durch die Bäume. Da sah Winni plötzlich ein Menschenauto mit Anhänger den Waldweg heraufkommen.

„Nanu", fragte sich Winni, „was wollen die denn noch so spät im Wald?"

An einem Stoß Holz hielt der Wagen an und zwei Männer stiegen aus. Der eine war groß und dünn, der andere war ein ganzes Stück kleiner und etwas rundlich um die Hüften. Sie verhielten sich sehr seltsam. Sie schauten mehrmals nach allen Seiten, gerade so, als ob sie Angst hätten, entdeckt zu werden. Winni war ganz nah dran an den beiden und hörte den Großen sagen:

„Pass du auf, dass niemand kommt. Ich lade inzwischen das Holz auf den Anhänger. Vielleicht ist ja noch ein Förster unterwegs und wir wollen uns doch nicht erwischen lassen!"

Als Winni dies hörte, wusste er gleich, was er von den beiden halten sollte. Das waren gemeine Holzdiebe! Sie wollten die von den Besitzern geschlagenen Baumstämme einfach stehlen! Winni überlegte fieberhaft, was er dagegen tun könnte, als auch schon der große Kerl zum ersten Baumstamm griff. Da hatte Winni eine Idee.

„HuHuuu. Ich bin der Waldgeist. Lasst sofort meine Bäume in Ruhe!"

Winni schrie aus voller Kehle. Da Zibbelchen ja nur so groß, wie eine Kinderhand sind, hören sich die lauten Rufe eines Zibbelchen für den Menschen wie ein Flüstern an. Doch durch das Säuseln des Windes, hatte die Stimme etwas sehr Unheimliches und dem Großen fuhr der Schreck in die Glieder.

„Wa, Wa, was war das. Hast du das auch gehört?"

„D.. d.. das war wohl nur der Wind. Ich kann niemanden sehen!" antwortete der kleinere der beiden.

Natürlich konnten sie niemanden sehen, denn Winni hatte sich in einem Laubhaufen versteckt. Nun rief er nochmals und raschelte dabei mit dem Laub.

„HuHuuu. Ihr stört den Frieden des Waldgeistes. Lasst sofort das Holz fallen und verschwindet. Sonst werdet ihr es bereuen!"

Winni hob noch ein paar Kieselsteine vom Boden auf und warf sie an die Bäume. Die unheimliche Stimme, das Rascheln des Laubes und das Klackern der Steine waren zu viel für die beiden Holzdiebe. Der Große ließ vor Schreck den Baumstamm direkt auf seinen dicken Zeh fallen und jaulte auf. Der Kleinere hastete auf das Auto zu, übersah eine Wurzel, stolperte darüber und fiel der Länge nach hin. Oder hatte der Baum dem Kleinen etwa ein Bein, besser gesagt eine Wurzel, gestellt? Wer weiß das schon so genau!

Mit letzter Kraft flüchteten die beiden jammernden Gauner in ihr Auto und verschwanden blitzschnell aus dem Wald.

Und wenn man genau hinhörte, konnte man noch das Lachen des mutigen, kleinen Zibbelchens hören.

DI EB 01

Hilfe für die Zibbelchen

An einem schönen Herbsttag waren Helli und Winni in einer besonderen Mission unterwegs. Auf ihren Rücken hatte jeder der beiden einen kleinen Rucksack geschnallt, prall gefüllt mit Bucheckern. Bucheckern sind die Samen der Buche - aus ihnen wachsen neue Bäume. Sie waren unterwegs zu einem kleinen Hang am Waldrand, der vor einigen Jahren von den Menschen abgeholzt und dann vergessen wurde.

„Wir müssen für jede Buchecker ein Loch buddeln," begann Winni, „das wird ohne Hilfe ganz schön anstrengend!" „Keine Sorge, Winni," entgegnete Helli, „ich hab mir da schon was einfallen lassen!"

Winni schaute Helli fragend an, doch die hüllte sich in Schweigen. Nach einiger Zeit kamen sie an einem Ort vorbei, an dem Helli vor Kurzem einen neuen Freund gefunden hatte.

„Zipp! Ziiiiipp!" rief Helli aus voller Kehle, „Ziiipp, hier ist Helli mit ihrem Freund Winni. Wir brauchen deine Hilfe!"

Nach kurzer Zeit sahen Helli und Winni einen braunen Schatten durch die Bäume springen und mit einem letzten Sprung landete Zipp vor ihnen. Zipp ist ein junges Eichhörnchen. Eichhörnchen vergraben im Herbst ihre Nahrungsvorräte für den langen Winter im Waldboden. Graben konnte Zipp also ganz ausgezeichnet.

„Hier bin ich, was liegt an?" Helli war sprachlos. Das kleine schüchterne Eichhörnchen war, seit ihrer letzten Begegnung, fast erwachsen geworden. Die Beiden begrüßten sich herzlich. Zipp und Winni stellten sich einander vor und Helli erklärte Zipp, wofür sie seine Hilfe brauchten.

„Kein Problem, ich helfe gern," sprach Zipp.

Als sie das kleine Hangstück erreicht hatten, wartete eine Überraschung auf die Drei. Eine kleine Gruppe Menschenkinder und ein Erwachsener gruben Löcher in den Boden.

„Was machen die denn da. Die machen ja den Boden kaputt," fuhr es aus Zipp heraus.

Doch Winni hatte mit einem Blick die Lage erkannt.

„Nein, nein. Die machen den Boden nicht kaputt, die Menschen helfen uns. Schaut mal unten an den Straßenrand. Da steht ein Menschenfahrzeug mit Anhänger. Auf dem Anhänger sind kleine Bäume geladen. Die Menschen pflanzen Bäume!"

„Ja, und auf dem Menschenfahrzeug steht was drauf. Plant for the Planet. Die kenne ich. Sie pflanzen überall auf der Welt Bäume. Schön, dass uns von den Menschen auch mal geholfen wird." Helli war ganz begeistert: „Kommt, wir schauen noch eine Weile zu und pflanzen dann unsere Bucheckern woanders ein. Orte für neue Bäume gibt es ja genug, da müssen wir nicht lange suchen!"

PLANT
FOR
THE PLANET

Weihnachten bei den Zibbelchen

Was machen die Zibbelchen denn eigentlich im Winter? Sicherlich habt ihr euch das auch schon gefragt! Da sie ja nur so groß sind, wie eine kleine Kinderhand, arbeiten unsere kleinen Helferlein nur bis zum ersten Schneefall. Sie würden ja sonst im Schnee versinken. Falls es nicht schneit, ruft Eidura Eichenblatt aber alle Zibbelchen spätestens zum ersten Advent zurück in ihre Winterhöhle.

Dann wird ihre Höhle unter der großen Eiche für das Weihnachtsfest blitzeblank gewienert und geschmückt. Bevor es aber ans Schmücken geht, wird erst einmal fleißig gebastelt. Kastanien werden bunt angemalt und als Weihnachtsbaumkugeln zurecht gemacht. Aus getrockneten Blättern werden kleine Vögelchen, aus Gräsern Sterne und aus Eicheln werden kleine Glöckchen gebastelt. Doch wie bekommen die Zibbelchen einen Weihnachtsbaum in ihre Höhle, wo sie doch so klein sind? Ganz einfach, sie nehmen kleine Fichtenzweige und binden sie zusammen. Dann sieht es so aus wie ein richtiger Weihnachtsbaum – nur in ganz klein!

Zibbelchen benutzen keine Kerzen aus Wachs und elektrische Kerzen auch nicht – sie haben in ihrer Höhle ja keinen Strom. Doch wie bekommen sie ihren Weihnachtsbaum zum Leuchten? Denn so ganz ohne Lichter sieht ein Weihnachtsbaum doch etwas trostlos aus. Dafür hat sich Eidura Eichenblatt etwas Besonderes einfallen lassen:

Nur für den Heiligen Abend und auch nur für ein paar Stunden holt sie einige hundert Glühwürmchen aus ihrem Winterschlaf.

Die Glühwürmchen schwirren dann nur so um den Weihnachtsbaum herum – so einen strahlenden Weihnachtsbaum habt ihr sicher noch nicht gesehen! Wenn alles vorbereitet ist, kommen auch noch einige Freunde mit kleinen Geschenken vorbei. Da ist Zipp, das Eichhörnchen, das ein kleines Säckchen Nüsse dabei hat. Oder
Molly, die Maulwurfsmutter mit ihren vier Kindern. Jedes ihrer nun schon recht großen Kinder hat ein Bündel mit leckeren Wurzeln dabei. Selbst der Igel ist gekommen und hat einige getrocknete Apfelstückchen mitgebracht. Nur die alte Schnecke hat sich entschuldigt, in ihrem Alter war ihr der Weg dann doch zu weit. Und wenn dann später am Abend alle zusammen Weihnachtslieder singen, setzt sich jedes einzelne Glühwürmchen auf einen anderen Zweig und der Weihnachtsbaum erstrahlt in friedlichem Glanz.

Um Mitternacht endet dann die Feier. Die Glühwürmchen werden wieder in den Winterschlaf geschickt, die Freunde gehen nach Hause und Eidura Eichenblatt deckt jedes einzelne ihrer Zibbelchen in ihren Moosbetten mit warmen Laub zu. Sie lässt dann ihre kleinen Helfer bis zum Frühjahr schlafen, damit sie im neuen Jahr wieder ausgeruht und gestärkt dem Wald helfen können!

Trees for
Climate Justice

Liebe Kinder,
machen wir es wie die Zibbelchen!

Bäume sind die besten Freunde der Menschen. Bäume vollbringen wahre Wunder, denn sie halten mit ihren Wurzeln die Erde zusammen und spenden uns Schatten. Aus ihrem Holz können wir Möbel machen, Häuser und Brücken bauen. Bäume sind auch richtige Zuckerfabriken, denn sie geben uns süße Früchte.
Bäume sorgen außerdem dafür, dass wir Menschen und Tiere saubere Luft zum Atmen haben. Um Energie für ihre vielen Autos, Flugzeuge und Schiffe, Fabriken und Heizungen zu haben, verbrennen die Erwachsenen Kohle, Erdgas und Erdöl. Beim Verbrennen entsteht ein Gas. Es heißt Kohlendioxid. Kohlendioxid ist schuld daran, dass es immer wärmer wird auf unserer Erde. Bäume sind die einzigen Lebewesen auf der Welt, die Kohlendioxid einatmen und dafür Sauerstoff, also saubere Luft, ausatmen. Wir Menschen brauchen den Sauerstoff zum Atmen.
Weil die Erwachsenen an so viel andere Dinge denken müssen, haben sie völlig vergessen, wie wichtig ihre Freunde, die Bäume sind. Deswegen müssen wir Kinder sie daran erinnern. Wir Kinder haben genau ausgerechnet, dass jeder Mensch 150 Bäume pflanzen soll. Jeder Mensch, der weniger als 150 Bäume pflanzt, atmet die Luft von jemand anderem. Bäume zu pflanzen ist kinderleicht und es macht großen Spaß. Wir können Bäume pflanzen zum Kindergeburtstag, aber natürlich auch, wenn ein Erwachsener Geburtstag hat.
Jeder kann Bäume pflanzen, egal ob alt oder jung, reich oder arm. Und wenn alle Menschen auf der Welt Bäume pflanzen, dann sind wir wie eine große Weltfamilie. Bäume sind unsere besten Freunde, die auch dafür sorgen, dass es nicht zu warm wird. Für unsere Zukunft werden wir viele Freunde brauchen.

Eure
Felix und Freunde
von Plant-for-the-Planet

IMPRESSUM

Die Zibbelchen
von Winfried Steger und Rebecca Kamper

Autor: Winfried Steger
Illustrationen: Rebecca Kamper
Goldeiche Verlag
Gottfried-Hagen-Str. 60-62
51105 Köln

mail@Zibbelchen.de
www.facebook.com/DieZibbelchen

ISBN: 978-3-9816202-0-7

Umwelthinweis:
Gedruckt auf Circlematt White 170 g/qm, aus 100 % Altpapier, FSC recycled, Igepa-Art.-Nr. 1187
Aus nachhaltiger Produktion

Mit bestem Dank an:
Gebr. Kopp GmbH & Co. KG, Köln (Beratung, Druck und Bindung)
Igepa group GmbH & Co. KG, Hamburg
Printed in Germany